油茶产业应用技术丛书

油茶采穗圃营建技术

彭邵锋　陆　佳　王湘南　何之龙　李志钢　编著

中国林业出版社
China Forestry Publishing House

图书在版编目（CIP）数据

油茶采穗圃营建技术 / 彭邵锋等编著. -- 北京：
中国林业出版社，2020.9
（油茶产业应用技术丛书）
ISBN 978-7-5219-0798-8

Ⅰ. ①油… Ⅱ. ①彭… Ⅲ. ①油茶－栽培技术 Ⅳ.
①S794.4

中国版本图书馆CIP数据核字（2020）第175189号

中国林业出版社·自然保护分社（国家公园分社）
策划编辑：刘家玲
责任编辑：刘家玲　宋博洋

出版	中国林业出版社（100009　北京市西城区德内大街刘海胡同 7 号）
	http://www.forestry.gov.cn/lycb.html　电话：（010）83143519　83143625
发行	中国林业出版社
印刷	河北京平诚乾印刷有限公司
版次	2020 年 12 月第 1 版
印次	2020 年 12 月第 1 次印刷
开本	889mm×1194mm　1/32
印张	3.25
字数	88 千字
定价	25.00 元

序言一

Foreword

　　油茶原产中国，是最重要的食用油料树种，在中国有2300年以上的栽培利用历史，主要分布于秦岭、淮河以南的南方各省（自治区、直辖市）。茶油是联合国粮农组织推荐的世界上最优质的食用植物油，长期食用茶油有利于提高人的身体素质和健康水平。

　　中国食用油自给率不足40%，食用油料资源严重短缺，而发展被列为国家大宗木本油料作物的油茶，是党中央国务院缓解我国食用油料短缺问题的重点战略决策。2009年国务院制定并颁发了中华人民共和国成立以来的第一个单一树种的产业发展规划——《全国油茶产业发展规划（2009—2020）》。利用油茶适应性强、是南方丘陵山区红壤酸土区先锋造林树种的特点，在特困地区的精准扶贫和乡村振兴中发挥了重要作用。

　　湖南位于我国油茶的核心产区，油茶栽培面积、茶油产量和产值均占全国三分之一或三分之一以上，均居全国第一位。湖南发展油茶产业具有优越的自然条件和社会经济基础，湖南省委省政府已经将油茶产业列为湖南重点发展的千亿元支柱产业之一。湖南有食用茶油的悠久传统和独具特色的饮食文化，湖南油茶已经成为国内外知名品牌。

　　为进一步提升湖南油茶产业的发展水平，湖南省油茶产业协会组织编写了《油茶产业应用技术》丛书。丛书针对油茶产业发展的实际需求，内容涉及油茶品种选择使用、采穗圃建设、良种育苗、优质丰产栽培、病虫害防控、生态经营、产品加工利用等油茶产业链条各生产环节的各种技术问题，实用性强。该套技术丛书的出版发行，不仅对湖南省油茶产业发展具有重要的指导作用，对其他油茶产区的油茶产业发展同样具有重要的参考借鉴作用。

该套丛书由国内著名的油茶专家进行编写，内容丰富，文字通俗易懂，图文并茂，示范操作性强，是广大油茶种植大户、基层专业技术人员的重要技术手册，也适合作为基层油茶产业技术培训的教材。

愿该套丛书成为广大农民致富和乡村振兴的好帮手。

张守攻

中国工程院院士

2020年4月26日

序言二

Foreword

习近平总书记高度重视油茶产业发展，多次提出："茶油是个好东西，我在福建时就推广过，要大力发展好油茶产业。"总书记的殷殷嘱托为油茶产业发展指明了方向，提供了遵循的原则。湖南是我国油茶主产区。近年来，湖南省委省政府将油茶产业确定为助推脱贫攻坚和实施乡村振兴的支柱产业，采取一系列扶持措施，推动油茶产业实现跨越式发展。全省现有油茶林总面积2169.8万亩，茶油年产量26.3万吨，年产值471.6亿元，油茶林面积、茶油年产量、产业年产值均居全国首位。

油茶产业的高质量发展离不开科技创新驱动。多年来，我省广大科技工作者勤勉工作，孜孜不倦，在油茶良种选育、苗木培育、丰产栽培、精深加工、机械装备等全产业链技术研究上取得了丰硕成果，培育了一批新品种，研发了一批新技术，油茶科技成果获得国家科技进步二等奖3项，"中国油茶科创谷"、省部共建木本油料资源利用国家重点实验室等国家级科研平台先后落户湖南，为推动全省油茶蓬勃发展提供了有力的科技支撑。

加强科研成果转化应用，提高林农生产经营水平，是实现油茶高产高效的关键举措。为此，省林业局委托省油茶产业协会组织专家编写了这套《油茶产业应用技术》丛书。该丛书总结了多年实践经验，吸纳了最新科技成果，从品种选育、丰产栽培、低产改造、灾害防控、加工利用等多个方面全面介绍了油茶实用技术。丛书内容丰富，针对性和实践性都很强，具有图文并茂、以图释义的阅读效果，特别适合基层林业工作者和油茶生产经营者阅读，对油茶生产经营极具参考价值。

　　希望广大读者深入贯彻习近平生态文明思想，牢固树立"绿水青山就是金山银山"的理念，真正学好用好这套丛书，加强油茶科研创新和技术推广，不断提升油茶经营技术水平，把论文写在大地上，把成果留在林农家，稳步将湖南油茶产业打造成为千亿级的优质产业，为维护粮油安全、助力脱贫攻坚、助推乡村振兴作出更大的贡献。

胡长清

湖南省林业局局长

2020年7月

前　言
Preface

　　湖南位于我国的油茶核心产区，是全国油茶产业第一大省，具有独特的土壤气候条件、丰富的油茶种质资源、最大的油茶栽培面积和悠久的油茶栽培利用历史。油茶产业是湖南的优势特色产业，湖南省委、省政府和湖南省林业局历来非常重视油茶产业发展，正在打造油茶千亿元产业，这是湖南油茶产业发展的一次难得的历史机遇。

　　我国油茶产业尚处于现代产业的早期发展阶段，仍具有传统农业的产业特征，需要一定时间向现代油茶产业过渡。油茶具有很多非常特殊的生物学特性和生态习性，种植油茶需要系统的技术支撑和必要的园艺化管理措施。2009年《全国油茶产业发展规划（2009—2020）》实施以来，湖南和全国南方各地掀起了大规模发展油茶产业的热潮，经过10多年的努力，油茶产业已奠定了一定的现代化产业发展基础，取得了不俗的成绩；但由于根深蒂固的"人种天养"错误意识、系统技术指导的相对缺乏和盲目扩大种植规模，也造成了一大批的"新造油茶低产林"，各地油茶大型企业和种植大户反应强烈。

　　为适应当前油茶产业健康发展的需要，引导油茶产业由传统的粗放型向现代的集约型方向发展，满足广大油茶从业人员对油茶产业应用技术的迫切要求，湖南省油茶产业协会于2019年9月召开了第二届理事会第二次会长工作会议，研究决定编写出版《油茶产业应用技术》丛书，分别由湖南省长期从事油茶科研和产业技术指导的专家承担编写品种选择、采穗圃建设、良种育苗、种植抚育、修剪、施肥、生态经营、低产林改造、病虫害防控、林下经济、产品加工、茶油健康等分册的相关任务。

本套丛书是在充分吸收国内外现有油茶栽培利用技术成果的基础上编写的，涉及油茶产业的各个生产环节和技术内容，具有很强的实用性和可操作性。丛书适用于从事油茶产业工作的技术人员、管理干部、种植大户、科研人员等阅读，也适合作为油茶技术培训的教材。丛书图文并茂，通俗易懂，高中以上学历的普通读者均可顺利阅读。

　　中国工程院院士张守攻先生、湖南省林业局局长胡长清先生为本套丛书撰写了序言，谨表谢忱！

　　本套丛书属初次编写出版，参编人员众多，时间仓促，错误和不当之处在所难免，敬请各位读者指正。

湖南省油茶产业协会

2020年7月16日

目 录
contents

第一章

油茶采穗圃圃地选择与规划

一、圃址选择

选择适宜油茶栽培的区域，生态环境条件良好，交通便利，远离污染源。

土地权属清楚，具有法人资格，无任何使用纠纷，优先推荐国有林场或集体土地。

采穗圃面积应依据不同区域油茶的种植规模确定，面积一般不小于 $2hm^2$。土地集中连片，坡面整齐、开阔，光照充足，无冰雪侵害，灌溉和排水条件良好（图1-1）。

图1-1　适宜营建油茶采穗圃的立地条件

　　湖南在全省14个市州均建有油茶良种采穗圃（图1-2），随着油茶良种不断推陈出新，以及采穗圃所在地对良种穗条的需求变化，采穗圃需要及时升级、改造或淘汰。

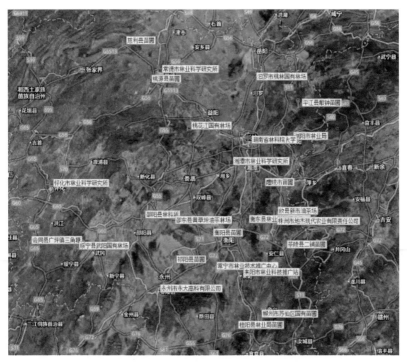

图1-2　湖南油茶良种采穗圃分布图（待更新）

二、立地选择

　　选择海拔100～500m，坡度小于25°的缓坡中下部的阳坡、半阳坡，避开有西北风和北风侵害的地段。要求土壤肥沃、石砾含量不超过20%、pH值为4.0～6.5的砂质红壤、黄壤、黄红壤；要求土层深厚，厚度80cm以上；要求通气、排水、保水性能良好，地下水位在1m以下（图1-3）。

图1-3 立地选择

三、品种选择

建圃材料必须来源清楚，且为通过林木品种审定委员会审（认）定的良种，其中认定良种需要在有效期内。同时，需取得良种选育者提供的良种授权证明，国家或省级林业主管部门公布的油茶主推品种株数或面积不得少于80%。

品种应按照各地油茶产业发展的规划布局，选择适合当地生长、适应性强、产量高、花期相遇、成熟期一致、市场发展潜力大的品种。

品种必须纯正，每个采穗圃品种数量5～10个。

四、圃地规划

营建采穗圃要编制规划设计，布置好各个无性系种植区，科学合理安排道路、排灌、管护棚等辅助设施等。

种植区划分要综合地形、坡度、道路、自然界限等因素，先划分大区，再细分小区，每个小区面积1～3亩[①]。

整地可采用水平梯状或穴状整地。水平梯状整地要沿等高线水平带方向排列，梯带平整、连接完整。

品种种植布局按行状或块状。行状布局时，每2～3行换一个品种；块状布局时，每块布局1个品种。设立永久标识，注明良种名称或编号。

采用1：10000比例尺将采穗圃范围、面积、品种、道路等设施测绘成图（图1-4，图1-5）。

---

①1亩=1/15hm²，下同。

5

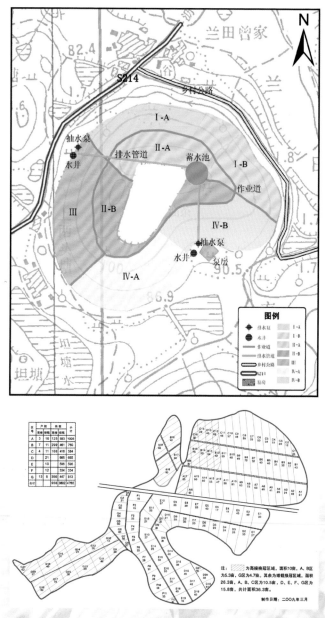

图1-4 油茶良种采穗圃规划设计图（左：功能分区；右：小区划分）

图1-5　油茶良种采穗圃无性系布局图（上：块状布局；下：行状布局）

五、辅助设施建设

（一）道路

合理配置主干道、支干道、作业道。主干道宽度3.0～3.5m，支干道1.5～2.0m，作业道0.8～1.0m（图1-6，图1-7）。

图1-6　油茶采穗圃主干道

图1-7　油茶采穗圃道路系统（左：支干道；右：作业道）

（二）排灌设施

小区林道两侧，设置排水沟；林地梯内水平方向设置横向排水沟，纵横相通。排水沟沟宽20～30cm，深20～30cm（图1–8，图1–9）。设置一定数量沉沙池及护坡（图1–10）。

每2hm²圃地修建1个蓄水池，每个蓄水池容量20～50m³，混凝土浇筑（图1–11，图1–12）。铺设水管到每个小区，安装阀门和水龙头，有条件的地方安装喷灌或滴灌设施（图1–13，图1–14）。

图1–8 道路排水沟

图1-9　小区作业道及排水沟

图1-10　沉沙池

图1-11　水泵房

图1-12　池塘和蓄水池

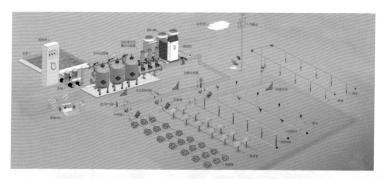

图1-13　智能化灌溉系统

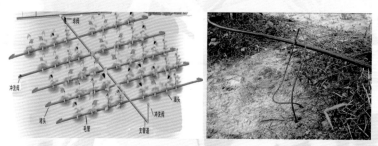

图1-14　滴灌系统管线布置

（三）防护和管理设施

管护棚按20亩设置1个，面积20～30m²（图1–15）。

在林地四周设置护栏、生物隔离带、防火林带等防护设施（图1–16，图1–17）。

图1–15　基地管护棚（上：砖混结构；下：钢架结构）

图1-16 基地周围护栏

图1-17 生物隔离带（左：银合欢；右：马甲子）

（四）监测和监控设施

安装全自动气象站，适时监测降雨量、温度、湿度、太阳辐射、土壤温度、土壤湿度等环境参数，提前预测预警高温、干旱、多雨等现象发生（图1-18）。安装远程拍照式虫情测报灯，监测有害生物发生动态（图1-19）。安装监控摄像头，监控火灾、偷盗、破坏等现象发生（图1-20）。

图1-18　全自动气象站

图1-19 远程拍照式虫情测报灯

图1-20 可旋转监控摄像头

（五）标示牌

应在采穗圃入口或显眼位置建立采穗圃标示牌（图1-21至图1-23）。

图1-21　入口处标示牌（左：砖混结构；右：不锈钢牌）

图1-22　品种标示牌（左：水泥桩；右：石牌）

图1-23　品种标示牌（上：塑料牌；下：不锈钢牌）

第二章

新造林营建采穗圃技术

一、林地清理

在选择好适宜的造林地块后，在造林前的3个月左右进行林地清理。重点清理种植带1.5m范围内的残留木、杂灌、树蔸等，清除后的立木伐桩不能高于10cm。清除的杂灌及杂草全部堆放到下方，大于5cm的木材拉出圃地集中处理（图2-1）。

严禁火烧炼山，一方面炼山容易引发森林火灾，破坏生物多样性，造成水土流失，加剧大气污染，另一方面炼山还会引起土壤pH值升高，土壤表层有机质和微生物减少，氮素矿化速率降低。因此，在实际造林过程中，我们应该结合林地的实际情况，采取机械清理结合人工砍杂的方式，杜绝使用火烧炼山的方式，促进林业健康可持续发展（图2-2）。

图2-1　林地清理（左：清除杂灌草；右：保留一定植被带）

图2-2　严禁火烧炼山

二、整地

整地要在栽植前3个月进行。应根据小班坡度、土壤、植被情况，因地制宜采取带状和穴垦等整地方式。在确定好栽植密度后，严格按照株行距拉线定行，白灰定穴，确保纵横成行（图2-3）。在满足油茶种植要求的前提下，尽可能减少整地措施对原有森林植被造成的破坏（图2-4）。提倡机械化整地和杂灌粉碎还山（图2-5）。

图2-3　造林整地放样

图2-4 整地方式对比（左：生态化整地；右：破坏性整地）

图2-5 整地方式（左：大面积，机械整地；右：小面积，人工整地）

1. 带状整地

适用于坡度10°～15°的造林地。整地时顺坡自上而下沿等高线挖筑水平阶梯，按"上挖下填，削高填低，大弯取势，小弯取直"的原则，筑成内侧低、外缘高的水平阶梯。梯面宽度和梯间距离应根据地形和栽植密度而定。开挖筑梯时表土和底土分别堆放。筑梯后按设计的株行距定点开穴，穴规格长×宽×深为70cm×70cm×70cm。也可按设计的株行距定线撩壕，壕深70cm，底宽70cm。在造林前1个月左右覆土，覆土时取表土填平壕沟或栽植穴。单行栽植时可采取先撩壕，在覆土时整成外高内低的梯面（图2-6，图2-7）。

图2-6　水平梯状整地（左：整梯+大穴；右：撩壕）

图2-7 种植穴（上：方形穴；下：圆形穴）

2. 穴垦整地

在坡度较陡、土壤结构松散的造林地宜采用穴垦整地。穴的规格：长×宽×深为70cm×70cm×70cm。在栽植前1个月左右覆土，覆土时取表土填平栽植穴。应沿等高线每隔4～5行开挖一条拦水沟（竹节沟），沟底宽30cm以上、深30cm以上，以防止水土流失（图2-8）。

图2-8　穴垦整地

　　整地挖穴后，每穴施专用有机肥1～2kg（有机质含量≥45%，氮、磷、钾总量≥5%）。基肥应施在穴的底部，与底土拌匀，注意把土块打碎，捡出石块，然后先回填表土，再回填心土，覆盖至略高于穴面，呈馒头形备栽。基肥应在造林前1个月施用（图2-9）。

图2-9　施基肥和回填

三、密度设计

立地条件较好的林地，行距×株距可采用4m×3m（56株/亩）、4m×2.5m（67株/亩）、3m×3m（74株/亩）。

立地条件一般的林地，行距×株距可采用2.5m×2.5m（107株/亩）、3m×2.5m（89株/亩）、3m×2m（110株/亩）。

如果采用密植建圃方式，行株距一般以2m×1.5m（222株/亩）、3m×2m（110株/亩）为宜。造林后4~5年树冠不断扩展，林分不断郁闭，其中2m×1.5m按株、行2个方向，隔株伐除；3m×2m（110株/亩）按株方向，隔株伐除。

四、苗木选择与定植

采用经省级以上审（认）定的具有"三证一签"（苗木生产经营许可证、苗木质量合格证、苗木检疫证、种子标签）的油茶良种苗木。

从全省定点育苗点中，选择购买Ⅱ级以上规格的2年生、3年生及以上的油茶合格苗木，要求苗高25cm以上，地径0.30cm以上，主根发达，侧根均匀，舒展而不结团。要求苗木嫁接口愈合良好，无检疫对象，苗木新鲜，色泽正常，顶芽饱满，生长健壮，部分有分枝，无机械损伤（图2-10，图2-11）。

定植时间以立春至惊蛰雨季，或10月小阳春、无风的阴雨天最好。

1. 容器苗

挖与根团大小相应的定植穴，应脱去难降解的容器袋，将容器苗放入定植穴内，苗木嫁接口与地表持平，回填定植土，用手从容器苗四周压实，覆盖一层松土。定植后浇透定根水，培蔸覆盖（图2-12至图2-15）。

图2-10 良种油茶定点苗圃

图2-11 油茶良种苗木（左：2年生裸根苗；右：2年生容器苗）

图2-12 油茶容器苗（左：不可降解塑料容器；右：可降解无纺布容器）

图2-13　油茶容器苗栽植方法（脱去不可降解的容器袋）

图2-14　油茶容器苗栽植方法（左：轻轻放入栽植穴；右：摆正苗木）

图2-15　油茶容器苗栽植方法（左：用手从四周压实土壤；右：栽植示意图）

2. 裸根苗

适当剪去苗木过长的主根（图2-16）。栽植前用生根粉泥浆蘸根。挖定植穴，安放和扶正苗木，使根系舒展，苗木嫁接口埋入土层2~3cm，回填定植土，分层压实，确保苗正、根舒、土实。水源条件好的地方可在定植后浇透定根水，再培蔸覆盖（图2-17）。

图2-16　适当修根后的油茶裸根苗

图2-17 裸根苗栽植方法（左：蘸生根粉泥浆；右：栽植时培蔸状）

五、树体管理技术

1. 树体培育

造林后前3年，抹花芽摘幼果，促进枝梢生长，保持树势旺盛，促进穗条优质高产（图2-18）。

当树体长到100~120cm时，在距接口50~80cm上定干，适当保留

图2-18 抹芽摘果促梢

主干，在20～30cm处选留3～4个生长强壮、方位合理的侧枝培养为主枝。第三年在选留主枝的基础上，每个主枝上保留2～3个强壮分枝作为副主枝。第四、五年确定主枝，清理脚枝，将副主枝上的强壮春梢培养为侧枝群，三者比例均匀，培育自然圆头形、开心形等丰产树形（图2-19）。

图2-19　幼树开心形树体培育（左：树体培育前；右：树体培育后）

2. 修枝整形

造林6～8年后，油茶逐步进入成林期。每年冬季或早春（11月至翌年2月）进行适当修剪，短截徒长枝，剪除老弱病残枝、交叉枝、细弱内膛枝、下脚枝等，对较直立的树形进行适当拉枝和扭枝，使树冠均衡发展，形成合理树形（图2-20）。

每次采穗完毕后，需对采穗留桩过长的部分进行短截，减少枯桩形成。对过长或采穗数年明显衰退的主枝进行适当回缩修剪，促进萌发新梢。

图2-20　修枝整形（上：控制顶梢和徒长枝；下：清理下脚枝）

3. 病虫害防控

油茶的主要病虫害有油茶炭疽病、煤污病（烟煤病）、软腐病、油茶毒蛾、尺蠖、卷毛蜡蚧等。

防治应贯彻"以防为主，综合防治"的方针，以营林技术为基础，生物防治与物理防治相结合，增加林分植物种类，把握"治早、治小、治好"的原则，若大面积产生危害时，采用低毒高效低残留的药物进行防治（图2-21至图2-23）。

图2-21　有害生物物理防控（上：太阳能杀虫灯；下：多色粘虫板）

图2-22 天敌防控虫害

图2-23 生物制剂防治（左：喷雾器人工喷施；右：无人机喷施）

六、圃地管理技术

1. 补植

发现缺株或死亡株，选用同品种大规格苗木，在造林季节补植。

2. 除草培蔸

造林后每年除草培蔸2次，第一次在5~6月份，第二次在8月下旬至9月份。采用锄抚，铲除树蔸周边60cm的杂草，并覆盖在基部，树基外露时还应铲些细土培于基部，形成馒头状（图2-24）。

可使用覆盖垫、稻草、茅草、林地枯枝落叶等覆盖物进行抑草控草，覆盖范围长×宽以1m×1m为宜，覆盖后加盖一层土，防止地表辐

图2-24　除草培蔸（上：松土除草培蔸；下：培蔸标准化示范）

射灼伤树苗和风吹移动（图2-25至图2-27）。

　　提倡有条件的地方，通过套种作物、草种（如百喜草、黑麦草）等方式，控制杂草生长，达到以耕代抚的目的（图2-28）。大力提倡机械化抚育，降低劳动强度和成本（图2-29）。严禁使用除草剂等化学品。

图2-25　覆盖保墒（左：杂草覆盖；右：枯枝落叶覆盖）

图2-26　覆盖保墒（左：稻草覆盖；右：稻草覆盖标准化示范）

图2-27　覆盖保墒（上：可降解生物覆盖垫；下：高强度控草抑草垫）

图2-28 套种草种（上：套种黑麦草；下：割灌机除草示范）

图2-29　机械化垦覆除草

3. 施肥

幼林每年施肥2次，应以有机肥为主，施肥可结合幼林抚育进行，春季3~5月施复合肥或配方肥，冬季12月至翌年1月份施有机肥。复合肥造林前5年每株施肥0.1kg、0.2kg、0.3kg、0.4kg、0.5kg，从第六年开始，

每株施肥1kg。有机肥造林前5年每株施肥0.5kg、1.0kg、1.5kg、2.0kg、2.5kg，从第六年开始，每株施肥3kg。采用沟施方法，施肥沟距离树干基部30cm或在树冠投影线外沿，沟宽深20～30cm，肥料与土拌匀后及时覆土（图2-30）。

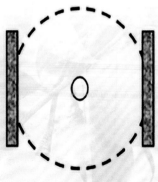

图2-30　施肥

4. 灌溉

　　油茶抗逆性较强，但持续高温干旱会引起叶片枯萎，果实生长发育停止，甚至整株死亡（图2-31）。干旱季节，注意补水（滴灌、喷灌）抗旱，促进植株生长（图2-32）。

图2-31　及时灌溉（左：轻中度干旱引起叶片枯萎；
右：重度干旱引起整株死亡）

图2-32　及时灌溉（左：喷灌；右：滴灌）

第三章

高接换冠营建
采穗圃技术

一、林分选择

选择立地条件好、林相整齐、密度合理、无乔木、灌木混生的林分（图3-1，图3-2）。要求树龄不超过50年，以20～30年为宜，树势良好，无病虫害。不宜选择树龄老化、树势衰退、病虫害严重的林分。（图3-3）

图3-1　适宜高接换冠的油茶林分（上：树龄较小，林相较好，密度适中；
下：树龄较小，密度小，但需补植）

图3-2　不适宜高接换冠的油茶林分（左：树龄较大，密度过稀；右：林相杂乱，油茶树少）

图3-3　不适宜高接换冠的油茶树（左：树龄老化；中：虫害严重；右：树势衰退）

树势好的判断标准：树体直立，枝叶较茂密，枝条分布结构较合理，树皮黄褐色（灰白色说明林龄较大，树势弱），无蛀干害虫或寄生昆虫。

二、嫁接前期处理

为了保证嫁接的成活率和接后生长良好，首先根据嫁接的需要对砧木进行修剪，剪除病虫枝、枯枝、弱枝、过密枝等（图3-4，

图3-5）。在3月份以前对林地进行挖垦一次，结合垦覆追施氮肥一次，促使砧木生长旺盛（图3-6，图3-7）。每株砧木选择3～5个分枝角度适当、干直光滑、无病虫害、生长健壮的主枝（枝粗3～5cm）。

图3-4　油茶林相调整（间伐密株、老弱病残株等）

图3-5　油茶树体修剪

图3-6 油茶林嫁接前施肥

图3-7　油茶林嫁接前垦覆

三、高接换冠技术

目前，在生产上主要采用油茶撕皮嵌接法和改良拉皮切接法。

油茶撕皮嵌接法属枝接法的一种改进，适用于大树换冠，是一种先嫁接活再重断砧的技术，易于操作和恢复树势，在湖南、浙江、广东、福建、贵州等地广泛应用于采穗圃和丰产示范林的建设、种质资源收集和观赏茶花大树的培育等，表现良好（图3-8）。

图3-8　油茶撕皮嵌接法营建的采穗圃

改良拉皮切接法是在切接法基础上改进的，具有嫁接后长势旺盛、除萌工作量少等优点，但要求砧穗亲和力高，砧木易于处理，嫁接操作熟练，否则一旦嫁接失败往往会造成整个主干或整株死亡。该技术主要应用于江西、广西等地区（图3-9）。

图3-9 油茶改良拉皮切接法营建的采穗圃

（一）接穗采集

从定点采穗圃中，采集树冠中上部外围生长健壮、腋芽饱满、叶色正常、无病害的当年生半木质化春梢（图3-10至图3-13）。穗条采集后，一般随采随用。

图3-10 油茶定点采穗圃

图3-11　油茶良种采穗母树

图3-12 油茶良种合格穗条
（左：枝条生长健壮，无病虫害；右：半木质化枝条）

图3-13 不合格穗条（左：病虫害严重；右：枝条幼嫩）

（二）工具准备

每个嫁接人员应准备的工具包括手锯1把、枝剪1把、毛巾2块（其中一条为湿毛巾，覆盖穗条之用；干毛巾供擦拭灰尘之用）、篮子1个、

嫁接刀2把、绑带膜若干、塑料（袋）罩若干、标签若干（图3-14，图3-15）。

①手锯、枝剪、嫁接刀要锋利，以保证切口一次削成、光滑整齐，这样愈合快，同时刀具要清洁，以免沾染病虫或其他杂物影响成活。

②干湿毛巾要分开，以免擦灰尘的毛巾污染穗条。

③绑带膜要求有弹力，以充分绑紧加固。

④塑料罩要求透明并且厚薄适中。太厚接受光照受到影响并且浪费金钱；太薄罩子无法支撑定形，塑料罩就会贴着接穗，晴天太阳易灼伤。

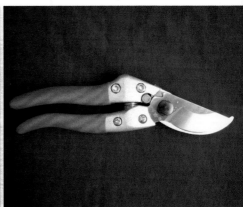

图3-14　嫁接工具（左：手锯；右：枝剪）

图3-15　嫁接工具（左：嫁接刀片；右：绑带膜）

（三）人员准备

按照进度要求合理分配人力。按每天嫁接1亩地计算，一般搭配为：8个嫁接手、4个绑罩手、2个砧木准备者、1个嫁接材料准备者。

所有的操作人员需进行专业技术培训，并亲自操作实践（图3-16）。

图3-16　嫁接技术培训

（四）高接换冠

1. 撕皮嵌合枝接法

嫁接最适宜时间为5月中下旬至6月初。宜在阴天和晴天低温时进行，雨天和高温天气的中午不宜嫁接，否则将影响成活。

（1）削砧

在砧木的嫁接部位，先用毛巾或纱布擦干净灰尘，然后用嫁接刀平行纵切两刀，剖成"∏"形，深达木质部，长约3cm，宽与接穗粗细相当，一般为0.3～0.5cm，再横切一刀，挑开树皮，自上向下撕开皮部（图3-17）。

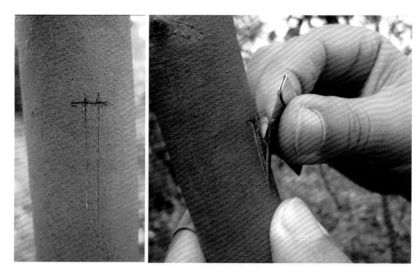

图3-17　削砧

（2）削穗

取带有一叶一芽的一段接穗，放在左手食指（包布或缠膏布，防止刀伤）上，右手用锋利的嫁接刀将接穗削成长2.5cm左右、芽两端成马耳形的短穗，去掉1/2或2/3的叶片，然后在接合面(芽的背面)自一端撕去皮部，宽约为接穗粗的1/4，因穗条远途运输或存放而撕不开皮部，接合面也可以用嫁接刀削，削的深度一般为枝条粗的1/3左右，如果削面过深，形成层细胞分生愈合组织困难（图3-18）。

图3-18 削穗

（3）嵌穗

将削好的接穗长切面对准木质部，嵌入撕开皮部的砧木槽内，再把撕开的砧木皮部包封接穗的短切面，两者皮层紧贴对齐（图3-19）。

图3-19 嵌穗

（4）包扎

嵌穗后，立即用有弹性的宽1～1.5cm、长50～60cm的绑带膜，自下而上螺纹状包扎接口，防止接穗移动错位。包扎时注意在不伤接芽的前提下，尽量包扎紧，只露叶柄和腋芽（图3-20）。绑带膜既能有效防止水分散失，还能提高嫁接部位温度，利于嫁接成活。若使用透水透气的材料绑扎，则不易成活。

图3-20　包扎

图3-21　加罩

（5）加罩

为了保湿，包扎后在接穗部位应加绑一个透明塑料罩，塑料罩在接芽的方位呈灯笼状，内留3～5cm空间，严禁塑料罩贴靠在接穗的叶片上，以免晴天太阳灼伤叶片（图3-21）。为防止塑料罩下垂伤及接穗，可绑上一小枝将袋撑起，再将袋口扎紧，使之不漏气。绑罩一定要密封，否则就起不到保湿的作用。

2. 改良拉皮切接法

（1）断砧

把选好的砧木在离地面40~80cm处锯断。断砧时注意防止砧木皮层撕裂，每株留2~3个主枝作营养枝和遮阴用，将其余枝全部清除（图3-22）。

图3-22　断砧

（2）削砧

先用清水清洗砧木，以保持嫁接部位清洁。再用嫁接刀将断面削平使其呈光滑状，并且里高外低，略带斜度（图3-23）。

图3-23 削砧

（3）切砧拉皮

按接穗大小和长短，用单面刀片在砧木断口处，往下平行切两刀，深达木质部，然后将皮挑起拉开（图3-24）。

图3-24　切砧拉皮

（4）切穗

用单面刀片在穗条叶芽反面从芽基稍下方，平直往下斜拉一切面，长2cm左右，切面稍见木质部，基部可见髓心，在叶芽正下方斜切一短接口，切成20°~30°的斜面，呈马耳形，在芽尖上方平切一刀，即成一芽一叶的接穗(叶片小的留一叶，叶片大的留1/3~1/2)，接穗切好后放入清水中待用（图3-25）。

图3-25 切穗

（5）插穗

接穗长切面朝内，对准形成层，紧靠一边插入切口内，接穗切面稍高出砧木断口（称露白），然后将砧木挑起的皮覆盖在接穗的短切面上。嫁接接穗数量可根据砧木粗度调整，以2～5个为宜（图3-26）。

图3-26 插穗

（6）绑扎加罩

用弹性好、拉力较强、宽度2～2.5cm绑带膜，自下而上绑扎接穗，绑扎时要拉紧，并扎上两根长10cm的油茶小枝条作支撑保湿袋用，同时注意防止接穗移动。绑扎好接穗后，随即罩上厚0.03～0.05cm塑料袋，袋长12～17cm，宽7～10cm，扎紧袋口使之密封（图3-27，图3-28）。

图3-27　绑扎

图3-28　加罩

（7）遮阴

用笋壳、纸壳或其他遮阴物，按东西方向扎在塑料袋外层遮阴（图3-29）。

图3-29　遮阴

四、换冠后砧木处理

（一）剪砧

撕皮嵌合枝接法需要进行剪砧。

剪砧一般可分作两次进行。第一次剪砧在嫁接后40天左右，剪口距接穗30cm以上，在剪口下方尽量保留1~2个小枝；第二次剪砧在翌年春，叶芽萌动前进行，一般剪口距接穗枝3~5cm，视砧桩粗细而定，粗砧桩应留长些，细砧桩可以短一些，对砧桩较粗、直径在3cm以上的，在剪口处仍应保留1~2个小枝，然后涂上凡士林、伤口愈合剂等保护桩口（图3-30）。

图3-30　剪砧

（二）解罩与解绑

撕皮嵌合枝接在第一次剪砧后10天左右解罩，改良拉皮切接在嫁接后2个月后即可解罩。解罩最好选在阴天进行，或在晴天的早晚进行。剪砧和解罩后，即在9～10月份，将绑带解除，对还没有抽梢的接芽，可在翌年春进行解绑（图3-31，图3-32）。

图3-31　解罩

图3-32 解绑

（三）除萌与扶绑

剪砧后，及时除掉砧木上长出的萌芽条，除萌是一件经常性的工作，一直到两年后砧木不再出现萌芽枝为止。大树砧嫁接，接枝生长很快，对这些徒长枝应及时扶绑在砧桩上，避免风折（图3-33）。

图3-33 扶绑

（四）虫害防治

嫁接后，接枝生长幼嫩，很容易受蚜虫、尺蠖、毒蛾等危害，应随时注意虫情发生情况，及时进行防治（图3-34）。对蚜虫等刺吸式害

图3-34 油茶虫害（上：蚜虫危害；下：油茶尺蠖危害）

虫，可用40%乐果乳油或氧化乐果乳油防治。对尺蠖可采用人工捕捉，或在幼虫4龄前，用白僵菌粉剂、苏云金杆菌或90%敌百虫1200倍液防治。对油茶毒蛾可用苏云金杆菌孢子菌粉或白僵菌生物杀虫粉剂或90%敌百虫1000倍液防治。

五、树体管理技术

（一）除杂提纯

及时彻底剪除树干和树苑基部的萌芽条。一株树如有3～5个主干嫁接成活，可剪除其他嫁接未成活的主干；如果成活的主干只有1～2个，则需保留主干，重新嫁接（图3-35）。

图3-35　油茶除萌

（二）整形修剪

通过修剪，促使树体结构较好，冠形匀称，营养集中，通风透光，病虫害少，空间充分，穗条产高质优。

重点剪去干枯枝、衰老枝、下脚枝、病虫枝、荫蔽枝、蚂蚁枝、

寄生枝等。对徒长枝、交叉枝视情况合理修剪。先剪下部，后剪中上部；先修冠内，后修冠外；要求小空，内饱外满，左右不重，枝叶繁茂，通风透光，增大结果体积（图3-36）。

油茶采穗数年后，应及时回缩修剪。

图3-36　油茶整形修剪

六、圃地管理技术

（一）垦覆除草

每年7～8月浅锄一次，深度10 cm，铲除树苑周边60cm的杂草，并覆盖在基部，树基或树根外露时还应从外围铲些细土培于基部，形成馒头状。每2年深挖一次，深度15～20cm，可在12月至翌年1月结合施冬肥进行（图3-37）。

图3-37　垦覆除草

（二）施肥

一般冬季施有机肥，早春以速效肥为主，夏季以磷钾复合肥为主。大年增施有机肥和磷钾肥，小年增施磷氮肥。

每年施肥2次，冬季12月至翌年1月施有机肥（有机质含量≥45%）2.5～3kg/株。春季3～5月份施复合肥（氮、磷、钾总量≥30%）0.5～1.0kg/株。

采用沟施方法，施肥沟在树冠投影线外沿，沟宽深30～40cm，肥料与土拌匀后及时覆土（图3-38）。

在林地空处或林下套种一些耐阴性较强的作物或草种，改良土壤结构，提高土壤肥力（图3-39）。

图3-38　施肥

图3-39　套种改土（左：油菜；右：黑麦草）

（三）灌溉

干旱季节，注意补水（滴灌、喷灌）抗旱。

第四章

油茶采穗圃
复壮技术

一、复壮原因

油茶采穗圃随着采穗时间的延长或缺乏系统抚育管理，树体逐步老化，树势逐步衰退，土壤肥力下降，病虫害易于发生，穗条萌发能力减弱，穗条产量减少，质量下降，影响嫁接或扦插成活率（图4-1）。所以，要采取措施诱导老树复壮返幼及阻止幼龄个体老化。

图4-1 树体老化衰退

二、复壮时间

回缩复壮时间为11月至翌年2月。

三、复壮方法

油茶采穗圃复壮最常用的方法是回缩复壮。回缩复壮是利用壮龄油茶树具有萌生不定芽的能力，通过断干的方式促使油茶树从树干萌生不定芽，重新形成新的树冠的过程。

回缩复壮方式包括中度回缩（嫁接口以上保留1m）和重度回缩（嫁接口以上保留50~80cm）（图4-2）。

图4-2　油茶回缩复壮（左：重度回缩；右：中度回缩）

回缩时按照中度或重度复壮方式在嫁接口以上合适高度锯掉树冠，锯口选在光滑无病斑或伤残处，锯口下保留1~2根枝条。锯时先从枝干背面锯一深口，再从正面锯，以防树干撕裂，要求锯口平整，锯口下树皮无损伤。锯口用托布津等杀菌剂涂抹保护，弱树回缩后，留枝较少时，应用石灰涂白防日灼，防损伤枝干表皮。

湖南省林业科学院于2010年12月对上世纪90年代营建的油茶良种采穗圃进行中度回缩复壮。复壮完成后3年，树冠全部恢复，平均单株产穗量从复壮前的100~300枝提升到600~1000枝（图4-3）。

图4-3　湖南省林业科学院油茶采穗圃回缩复壮（上：截干高度；下：复壮后）

第五章

穗条采集与
保鲜运输

一、穗条采集

（一）穗条产量调查

按总株数的1%~2%设置若干单株标准株(作标记)，用全树实测法或标准枝法观测每株标准株的穗条数量，取其平均值，以此推算单位面积、各品种及全圃的穗条产量。

（二）适采期调查

穗条适采期调查应在采穗当年的5月1日开始，每隔2~3天调查1次。采用标准株法进行观察测定，当全树50%~60%穗条进入半木质化时，即可进入适采期，并分品种统计株数，依此比例推算各品种的可采穗条量（图5-1）。

图5-1　油茶穗条适采期调查

检验穗条半木质化的简单方法是用手碰穗条叶尖有扎手感，从穗条基部往上穗条1/2或2/3位置穗条颜色由绿色变成褐色，再往上穗条颜色仍为绿色。枝条过嫩或过老成活率均会降低。

（三）采穗量核定

为了有计划地组织人力、物力适时采穗，做到有计划地供应、调运、使用穗条，必须进行穗条产量调查，夏季穗条还应进行适采期的预测调查，以利于穗条使用单位制定使用计划。

（四）采穗时间

剪穗时间根据不同品种穗条的成熟期确定，一般为5月上旬至6月上旬。以阴天或晴天上午11点前、下午5点以后采集为宜。

（五）采穗方法

从全省定点采穗圃中，采集树冠中上部外围发育充实、生长健壮、腋芽饱满、无病害的当年生半木质化春梢。枝条长度10cm，基部粗度0.25cm以上，至少有2个以上的饱满芽。忌采荫蔽枝、纤细枝、下垂枝、徒长枝、老枝和病虫枝。

采穗必须使用枝剪或剪刀，剪口要平，不允许用手直接攀扯或撕裂枝条，应在春梢基部留1~2个芽，以实现可持续采穗，越采越多（图5-2）。

图5-2　油茶穗条采集

采集的穗条每50枝或100枝扎成1捆，每捆穗条及时挂上标签，写明品种名称、产地、数量、穗条供应单位等。

图5-3 油茶穗条捆扎（左：稻草捆扎，每捆100枝；右：塑料绳捆扎，每捆50枝）

二、穗条保鲜

采集回来的穗条应尽快使用，对一时接不完的穗条，应先摊放于阴凉通风湿润处。也可以插放在荫凉的沙床上，注意经常喷雾保湿；或放入4～5℃的冰柜中，一般可保存5～7天左右（图5-4，图5-5）。

图5-4 油茶穗条阴凉处储存

图5-5　穗条插入湿沙床保存

三、穗条运输

穗条一般随采随用。如果要长途运输，应将采下的穗条分品系整齐地捆扎好，在下端包上吸饱水的脱脂棉或苔藓或其他保湿材料，外再用薄膜包装；也可以直接放入清水中，取出轻轻甩干水后，拿出放入塑料薄膜袋，然后再装入纸箱或木箱内，并且每天要打开塑料袋或箱子换气1次、浸水1次。

穗条运输最好采用带有空调设备的车辆，条件不允许时，也需用篷布等覆盖，防发热、重压，防风吹日晒（图5-6）。

图5-6　穗条扎捆、装筐及运输

附录：档案管理

1. 档案内容

油茶采穗圃的经营管理单位应建立健全采穗圃建设、良种穗条生产经营档案，确保良种穗条质量。档案内容应包括但不仅限于以下方面。

（1）采穗圃营建：采穗圃建设项目可行性研究报告、初步设计、上级下发的有关审批文件、土地权属文件、营建过程中包括种植和营林措施等技术档案、采穗圃检查验收情况等。

（2）采穗圃基本情况：采穗圃名称、建设地点、建设面积、建设年份、无性系来源、数量、名称、建圃方式等。

（3）经营管理：生产经营许可证、采穗圃地形图、无性系定植图、国家有关油茶档案管理的相关表格、经营管理技术方案、经济技术指标、历年穗条产量、质量、物候观测资料等。

（4）穗条生产情况：无性系名称、无性系来源、穗条生产地立地条件、周围环境、穗条剪取时间、数量、包装保存方法。

（5）穗条流向：调出穗条无性系名称、调出时间、数量、单价、销售协议、购入单位名称、林木种子（苗）生产许可证编号等。

2. 建档要求

记录准确、资料完整，各种图、文、表要相符。

档案记录和保管由专人负责，不得漏记和中断。

原件保存，同时录入电脑，方便查阅。

3. 档案利用

定期分析研究，对采穗圃的经营管理提出建设性意见和建议，为采穗圃更新换代、改造升级提供技术和实践依据。

附表1　油茶采穗圃验收表

采穗圃名称	面积（亩）	坡向	坡度（°）	立地类型	田间设置图式	砧木（品种）		无性系名称		嫁接			营建方法	造林验收			
						品种名称	树龄	来源	名称	时间	方法	芽数（个）		平均苗高（m）	平均径粗（cm）	成活率（%）	保存率（%）

附表2　油茶采穗圃基本情况表

单位名称：

建设地点	县（区）	乡（林场）	村（分场）	林班	小班	地理坐标	经度：	纬度：
立地条件	坡度：	坡向：	坡位：	海拔：		土壤		
	植被							
生产面积	苗		投产年份：		个	无性系数量：		栽植密度： 株/苗
建圃方式	嫁接苗栽植□	高接换冠□		年穗条产量（芽）:	枝	采穗圃经营期: 长期□ 临时□		
省级林业主管部门确认时间	生产经营许可证号		法人代表		联系电话			

无性系基本情况

大区号	小区号	无性系名称	良种登记编号	无性系来源	调入许可证编号	调入检疫证编号	引种人	嫁接（栽植）时间	保存株数	备注

填表人：　　　　　　　　　　　　　　填表时间：　　　年　　月　　日

附表3 油茶采穗圃抚育管理生产调查表

地点：

调查时间	采穗圃名称	经营方式	抚育	施肥	修剪整形	无性系	平均株高（m）	平均冠幅（m²）	当年抽梢数（枝）	产穗数（枝）

调查人：　　　　　　　　填表人：　　　　　　　　负责人：

附表4 油茶采穗圃穗条生产登记表

采穗圃名称： _____

大区_____小区_____面积_____

采穗日期	无性系	采穗量（枝）	穗条平均粗度（cm）	穗条平均长度（cm）	穗条平均芽数（个）	去向	用途	备注

填表人：　　　　　　　　　　日期：

附表5 年度油茶采穗圃产量汇总表

采穗圃名称：_____

无性系	种植时间	面积（亩）	株数	采穗数量（枝）	去向	备注

填表人：　　　　　　　　日期：